BEI GRIN MACHT SICH IHR WISSEN BEZAHLT

- Wir veröffentlichen Ihre Hausarbeit, Bachelor- und Masterarbeit

- Ihr eigenes eBook und Buch - weltweit in allen wichtigen Shops

- Verdienen Sie an jedem Verkauf

Jetzt bei www.GRIN.com hochladen und kostenlos publizieren

Thomas Kramp

Küstenformen und Küstenprozesse

GRIN Verlag

Bibliografische Information der Deutschen Nationalbibliothek:

Die Deutsche Bibliothek verzeichnet diese Publikation in der Deutschen National-
bibliografie; detaillierte bibliografische Daten sind im Internet über http://dnb.d-
nb.de/ abrufbar.

Impressum:

Copyright © 2007 GRIN Verlag GmbH
Druck und Bindung: Books on Demand GmbH, Norderstedt Germany
ISBN: 978-3-640-43051-2

Dieses Buch bei GRIN:

http://www.grin.com/de/e-book/134787/kuestenformen-und-kuestenprozesse

Küstenformen

&

Küstenprozesse

Kramp, Thomas

Diplom Geographie

5. Semester

Mittelseminar Physische Geographie

Wintersemester 2006/07
24.01.2007

Inhaltsverzeichnis:

1. <u>Einleitung</u>

Thema der folgenden Belegarbeit sind Küstenformen und Küstenprozesse, wie sie an den deutschen Küsten der Nord- und Ostsee zu finden sind. Aus diesem Grunde wird auf Küstenformen wie die Mangrovenküste oder die Korallenküste und die sie formenden Prozesse, nicht näher eingegangen.

Küstenprozesse werden im Weiteren als Prozesse verstanden, welche bestimmte Küstenformen hervorbringen und nicht nur einzelne Elemente der Küste, wie z.B. Dünen, beeinflussen. Es handelt sich somit um die wesentlichen, die Küste gestaltenden, Kräfte (Kelletat; 1999; S. 98).

In der Einleitung soll die, dieser Arbeit zugrunde liegende, Definition des Begriffs Küste vorgestellt werden. Außerdem wird die Küstenklassifikation nach H. Valentin erläutert, da sich diese, mit ihrer Unterteilung der Prozesse und Küstenformen nach Meeresspiegelschwankungen, Zerstörungs- und Aufbauvorgänge in der Gliederung der Arbeit wiederfindet. Die Gliederung ist außerdem am Aufbau des Buches „Physische Geographie der Meere und Küsten" von D. Kelletat angelehnt.

Im zweiten Teil der Arbeit werden dann die Küstenformen der deutschen Nord- und Ostseeküste und die für sich ursächlichen Prozesse beschrieben.

1.1. <u>Definition des Begriffs Küste</u>

Für den Terminus Küste gibt es zahlreiche Definitionen (Gierloff-Emden; 1980; S. 981).

Nach H. Valentin kann die Küste als das Gebiet zwischen der obersten landwärtigen und der untersten seewärtigen Brandungswirkung verstanden werden (Kelletat; 1999; S. 85). Dieser Bereich ist aber nicht nur durch die unterschiedlichen Wasserstände gekennzeichnet, sondern ragt darüber hinaus (ebd.; S. 84). Der Raum wird landwärts bezeichnet durch die Reichweite des Einflusses von Salzwasserspritzern oder –spray und den daraus folgenden morphologischen und ökologischen Bedingungen, wie z.B. einer bestimmten Vegetationsbedeckung (ebd.; S. 85). Seewärts erstreckt sich dieser Bereich über den Raum, in welchem durch die Brandungswirkung unter Wasser, spezielle Formen auf dem küstennahen Meeresboden geschaffen werden (ebd.; S. 85). Dies ist bis zu einer Wassertiefe, welche der halben Wellenlänge, d. h. dem Abstand von Wellenkamm zu Wellenkamm (Ahnert; 2003; S. 395), des Küstenabschnitts entspricht, der Fall (Kelletat; 1999; S. 85).

Da der Meeresspiegel, bspw. aufgrund seismischer oder tektonischer Ursachen, immer wieder Veränderungen unterworfen ist (ebd.), sollte die Küstenmorphologie sich nicht nur auf gegenwärtige Küsten beschränken (ebd.), sondern auch vorzeitliche Küstenformen einbeziehen (ebd.). Dieser Gesamtbereich wird nach H. Valentin als Küstengebiet definiert. Die nachfolgende Abbildung soll die Definition der Küste bzw. des Küstengebietes, noch einmal verdeutlichen. Im weiteren wird die sich aber auf den Bereich der Küste beschränkt.

Abbildung 1: Terminologie im Küstenbereich

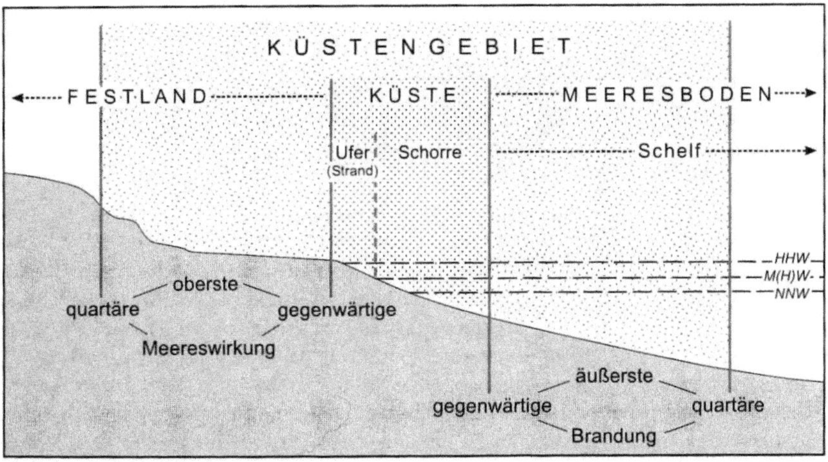

(Kelletat; 1999; S. 84)

1.2. Klassifikation der Küstenformen

International hat die hierarchisch aufgebaute (Ahnert; 2003; S. 384) Klassifikation nach Valentin die weiteste Anerkennung gefunden (Kelletat; 1999; S. 202).

Sie ist die einzige, lückenlos auf alle bekannten Küsten anwendbare, Klassifikation (Ahnert; 2003; S. 384), welche sowohl den Zustand der Küste, als auch die geomorphologischen Prozesse identifiziert (ebd.).

Nach Valentin wirken auf die Küste zwei wesentliche Prozesssysteme ein (Ahnert; 2003; S. 384). Die Vertikalbewegungen des Meeresspiegels bzw. des Landes, die ein auf- oder untertauchen der Küste bewirken (ebd.) und die Arbeit der Gezeiten, Wellen und Strömungen, welche die Küste entweder abtragen und dadurch zurückverlegen oder durch Ablagerungen die Küste vorrücken lassen (ebd.; S. 385). Diese Unterteilung ist der unmittelbaren Bindung der litoralen Formgebung an das Meeresniveau (ebd.; S. 381) geschuldet. Jede Veränderung des Meeresspiegels bewirkt eine vertikale (ebd.), meist auch horizontale (ebd.), Veränderung der Küstenlage (ebd.). Dies führt dazu, dass die Formenentwicklung der Küste in der neuen Position von vorne beginnen muss (ebd.). Die folgende Abbildung soll das Schema der Klassifikation verdeutlichen.

Abbildung 2: Schema der Küstenentwicklung nach Valentin

(Ahnert; 2003; S. 384)

Um eine Küstenform einzuordnen, wird zunächst eine Unterteilung nach vorgerückten, d.h. seewärts verschobenen Küsten (Kelletat; 1999; S. 202), und zurückweichenden Küsten vorgenommen (ebd.). Alle Küstenformen lassen sich in einer der beiden Kategorien einordnen (ebd.). Aufgrund des postglazialen Anstiegs des Meeresspiegels (Ahnert; 2003; S. 385), gehören die meisten Küsten der Welt zu den zurückgewichenen Küsten (ebd.). Auf diese grundsätzliche Unterscheidung bauen weitere wie aufgetauchte Küsten oder untergetauchte Küsten auf (Kelletat; 1999; S. 202). Die Systematik bzw. die hierarchische Ordnung (ebd.; S. 204) der Klassifikation nach Valentin soll die folgende Abbildung noch einmal darstellen.

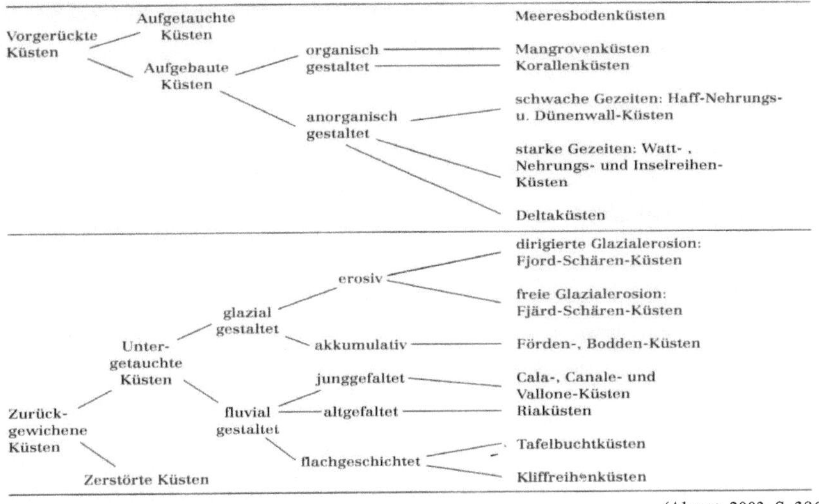

(Ahnert; 2003; S. 386)

Die ersten beiden Ebenen ergeben sich direkt aus dem Schema (vgl. hierzu Abbildung 2) der Küstenentwicklung nach H. Valentin (Ahnert; 2003; S. 386), die weiteren beziehen sich auf Prozesssysteme und Strukturen (ebd.). Meist sind mehrere Hauptvorgänge wie Transgression und Akkumulation an der Formgebung der Küste beteiligt und führen zu einer engen Vergesellschaftung der Formen (Kelletat; 1999; S. 132).

2. Küstenprozesse

Von besonderer Bedeutung für die Küstenform sind neben den Gezeiten (Kellertat; 1999; S. 87) auch die Brandungswellen (ebd.; S. 90) und die dadurch entstehende Strandversetzung (ebd.; S: 139). Gezeiten und Brandung sind Einflussgrößen bzw. Elemente der maßgeblichen Küstenprozesse wie Meeresspiegelschwankungen, Aufbau- und Zerstörungsprozesse (Kelletat; 1999; S. 98).

Die Entstehung der Gezeiten wurde bereits im Seminar hinreichend erläutert, aus diesem Grunde wird unter 2.1.2 nur die Entstehung und Wirkung von Brandungswellen beschrieben.

Die Küstengestalt im Detail abhängig (Wilhelmy; 1992; S. 109) von der Widerstandsfähigkeit des Gesteins (ebd.), der Wellenenergie (ebd.) und dem Klima (ebd.).

Widerständiges Gestein fördert bspw. die Entstehung steiler Kliffe (ebd.), der Niederschlag, als Klimafaktor, bestimmt z.B. den Materialtransport von Festland zum Meer (Kelletat; 1999; S. 91).

2.1 Brandungswellen

Brandungswellen entstehen, wenn ein Wellenzug im flachen Wasser den Punkt erreicht, an dem die vertikale Kreisbewegung der Wasserteilchen (Strahler; 2002; S. 437) durch Reibung am Boden behindert wird (ebd.; S. 438).

Abbildung 4: Kreisförmige Bewegung der Wellenteilchen

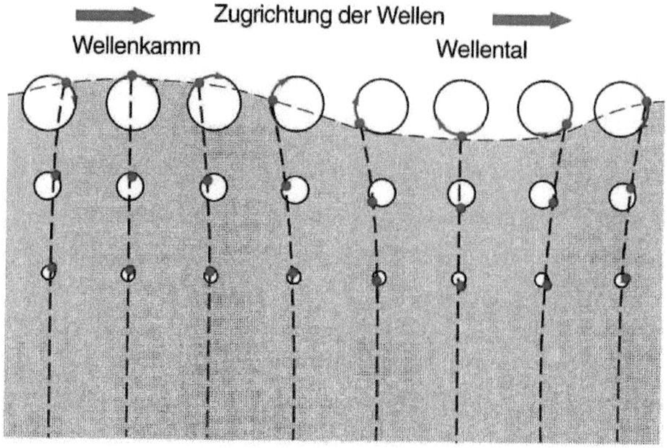

(Strahler; 2002; S. 437)

Dies ist in etwas ab einer Wassertiefe, welche der Hälfte der Wellenlänge entspricht, der Fall (ebd.). Bei den sich dem Ufer nährenden Wellen verkürzt sich dabei die Wellenlänge (ebd.), während die Höhe der Wellen zunimmt (ebd.), bis der Wellenkamm instabil wird und zusammenbricht (Ahnert; 2003; S. 397). Je nach Bodengefälle erfolgt das Brechen der Welle auf verschiedene Weise (ebd.). Die daraus resultierende Bewegung, der Wellenauflauf, verursacht auf dem Strand eine landwärts gerichtete Bewegung des Sedimentes (Strahler; 2002; S. 438). Wenn die Bewegungsenergie verbraucht ist, kehrt sich die Fließbewegung um (ebd.), nimmt Sand und Kies seewärts mit sich (ebd.), wobei das Transportvermögen dieses Wellenrücklaufs kleiner ist (Ahnert; 2003; S. 398).

Sedimentation erfolgt dadurch, dass die Sedimentfracht beim Kippen der Wasserbewegung abgelagert wird (Ahnert; 2003; S. 398). Das Wasser erlangt die für die Erosion nötige Geschwindigkeit aber erst, nachdem es bereits von der Ablagerungsstelle zurückgeflossen ist (ebd.). Die Bewegung des Wassers beim Brechen von Sturmwellen übt dagegen eine starke Erosionswirkung aus (Strahler; 2002; S. 438). Erosion erfolgt hierbei dadurch, dass Sturmwellen, aufgrund ihrer größeren Steilheit und kürzeren Wellenlänge (Ahnert; 2003; S. 398), näher ans Ufer gelangen (ebd.; S. 399) und dadurch mehr Material bewegen können (ebd.).

Abbildung 5: Schematische Darstellung der Brandung

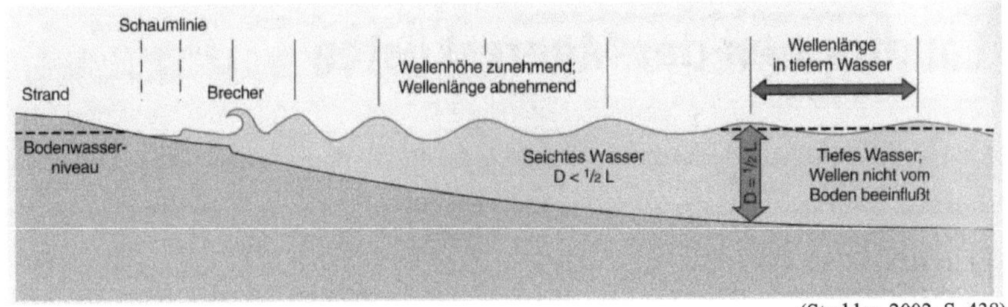

(Strahler; 2002; S. 438)

2.1.1 Strandversetzung

Durch schräg auflaufende Wellen (Gierloff-Emden; 1980; S. 1139), werden Sedimentpartikel diagonal den Strand hinaufbefördert (Wilhelmy; 1992; S. 112). Der anschließende Wellenrückstrom folgt jedoch dem größten Gefälle (ebd.) der Strandböschung (Ahnert; 2003; S. 402). Dadurch wird das Wasser und dessen Sedimentfracht senkrecht den Strand hinunter geführt (Wilhelmy; 1992; S. 112). Ein Sand- oder Kiespartikel welcher der von der Welle bewegt und nicht abgelagert wird (Ahnert; 2003; S. 402), folgt daher der Vor- und Rückbewegung der transportierenden Wellen in einer Zickzackbahn (ebd.). Durch diese Bewegung wird das Material längs des Strands versetzt (Wilhelmy; 1992; S. 113). Bei relativ konstanter Windrichtung verläuft die Versetzung mehr oder minder in die gleiche Richtung (ebd.), wobei der Versatz der Partikel 1m bis 25 m pro Tag betragen kann (Gierloff-Emden; 1980; S. 1139).

Abbildung 6: Vorgang der Strandversetzung

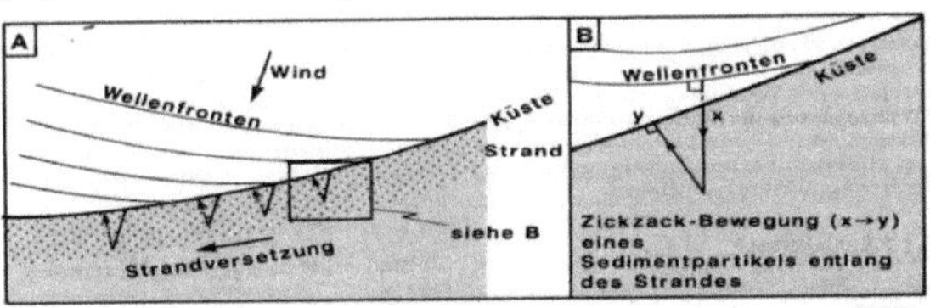

(Wilhelmy; 1992; S. 113)

3. Küstenformen

3.1. Meeresspiegelschwankungen

Meeresspiegelschwankungen sind sowohl kurzfristige Oszillationen des Meeresspiegels bspw. Gezeiten (Kelletat; 1999; S. 98), als auch langfristige Schwankungen (ebd.) wie der Meeresanstieg durch eine Warmzeit. Hier wäre die Flandrische Transgression zu nennen, welche die gegenwärtige Küstenformung weltweit beeinflusste (Ahnert; 2003; S. 381).

Das frühere Relief in welches das Meer vordringt beeinflusst entscheidend die marinen Prozesse und die entstehenden Küstenformen (Hendl, Liedtke; 2002; S. 209). So können sich Wattküsten im Tidebereich überfluteter flachreliefierter Tiefländer bilden (ebd.). Rias- oder Fjordküsten sind dagegen an zertalte Gebirgsbereiche gebunden (ebd.).

3.1.1. kurzfristige Oszillation

Der Begriff kurzfristige Oszillation bezieht sich auf die Wirkung der Gezeiten. An den deutschen Küsten sind durch die Wirkung der Gezeiten zwei Küstentypen entstanden, Ästuare und Watten (Wilhelmy; 1992; S. 114), welche in ihrer Existenz ursächlich an die Gezeiten gebunden sind (ebd.).

3.1.1.1. Ästuare

Im Allgemeinen werden unter Ästuaren Buchten oder erweiterte Flussmündungen verstanden, welche vom Festland Süßwasserzufuhr haben (Gierloff-Emden; 1980; S. 1062). Der Grundriss der Flussmündungen im Gezeitenbereich, wird durch die Seitenerosion der Tidenströme trichterförmig erweiter (Ahnert; 2003; S. 391).

Das Meerwasser dringt durch die Gezeiten in das Süßwasserbecken oder Kanal ein (Gierloff-Emden; 1980; S. 1062), dabei kommt es zur Mischung von Süß- und Salzwasser (ebd.), wobei das für den Ästuar charakteristische Brackwasser erzeugt wird (Ahnert; 2003; S. 391).

Das Wasser fließt in Ästuaren abwechselnd, im Rhythmus der Gezeiten, in zwei Richtungen (Gierloff-Emden; 1980; S. 1062). Mit der Flut fließt das Wasser in die Flussmündung (ebd.), mit der Ebbe zum Meer hin (ebd.). Der Zufluss vom Land verändert auch die Gezeitenkurve des Ästuars (Ahnert; 2003; S. 391). Da der Ebbstrom mehr Wasser in das Meer hinausbringen muss, als der Flutstrom hereinbringt (ebd.), dauert der Ebbstrom länger (ebd.). Außerdem staut der Flutstrom beim Hereinfließen zusätzlich das Flusswasser (ebd.). Aus diesem Grunde steigt der Wasserstand im Ästuar auch schneller an (ebd.). Zudem verhindern die starken Gezeitenströme auch die Bildung von Nehrung (Hendl, Liedtke; 2002; S. 213).

Die Mündung von Flüssen im Gezeitenbereich kann durch Ablagerungen des Meeres oder Flusses aufgefüllt werden (Gierloff-Emden; 1980; S. 1066) und in kleineren bzw. größeren Flächen zu Watten und Gezeitenmarschen werden (ebd.), durch welche die Flüsse, mit zunehmenden Querschnitt und in Mäanderschlingen, zum Meer fließen (ebd.). In vielen breiten Ästuaren existieren mehrere, durch Schlick oder Sandbänke, getrennte Untiefen (Ahnert; 2003; S. 391). Die Hauptströmung der Ebbe bzw. Flut erfolgt dann häufig in verschieden Bahnen (ebd.). Ästuarmäander entstehen, ähnlich wie Flussmäander, wenn der Flut- bzw. Ebbstrom in einer Biegung an die Außenseite der Krümmung gedrängt wird (ebd.). Der Unterschied zum Flussmäander besteht darin, dass durch den Wechsel der Gezeiten sich die Strömungsrichtung umkehrt (ebd.). Dadurch liegt der Prallhang des Ebbstroms an einer anderen Stelle als der Prallhang des Flutstroms (ebd.). Aus diesem Grunde besitzt ein Ästuarmäander, im Gegensatz zu einem Flussmäander, keine parallelen Ufer (ebd.; S. 392). Die Breite des Mäanders ist dort am geringsten, wo sich der Ebb- bzw. Flutstrom kreuzen (ebd.). In den Strecken zwischen den Krümmungen ist sie am größten, da die Ströme gegenüberliegende Ufer erodieren (ebd.). Ästuare gibt es in großen Tidenflüssen wie Elbe, Ems und Weser (Streif; 1990; S. 164).

Abbildung 7: Schematisches Diagramm von Ästuarmäandern

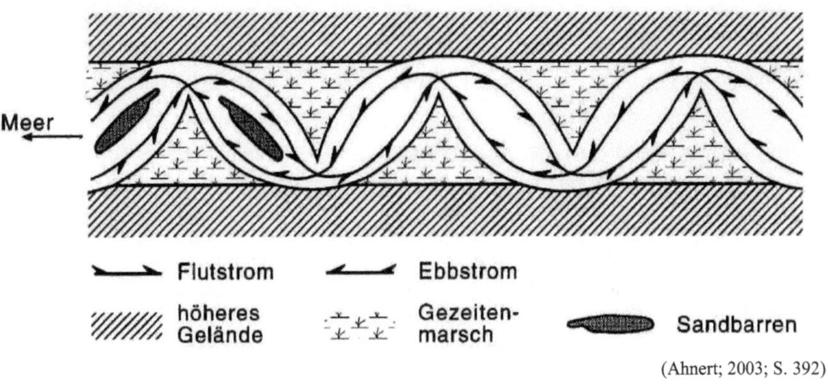

(Ahnert; 2003; S. 392)

3.1.1.2. <u>Watten</u>

Im Bereich größerer Gezeitenschwankungen (<1m) an Flachküsten existiert ein breiter Saum (Kelletat; 1999; S. 158), welcher periodisch, im Gezeitenrhythmus (Gierloff-Emden; 1980; S. 1037), mit Salzwasser bedeckt ist bzw. trockenfällt (Kelletat; 1999; S. 158). Diese Bedingungen führen zur Ausbildung eines besonderen amphibischen Milieus, welches als Watt bezeichnet wird (ebd.). Als Watt wird das noch unmittelbar den aufbauenden und erodierenden Kräften der Gezeiten unterliegende Schwemmland bezeichnet (H. J. Klink; 1990; S. 179).

Fast die gesamte deutsche Nordseeküste ist eine Watten- und Marschküste (ebd.). Watten sind nacheiszeitliches Schwemmland, welches die Nordsee und die in sie mündenden Flüsse, unter Mitwirkung der Gezeiten, an der Flachküste angesetzt haben (ebd.).

Hier werden feinkörnige, tonig-schlickige, marine, brackische oder fluviale Schlicksedimente, welche auch organische Substanzen enthalten können, abgesetzt (Hendl, Liedtke; 2002; S. 288). Die Wattsedimente bestehen somit überwiegend aus Feinsand, Schluff und Ton (Streif; 1990; S. 154). Sie sind sowohl salzhaltig, aufgrund ihres hohen Anteils an Muschel- und Schneckenschalen, aber auch kalkhaltig (Hendl, Liedtke; 2002; S. 288).

Das Watt ist im Zuge des postglazialen Meeresanstiegs (Wilhelmy; 1992; S. 126), innerhalb der letzten 8000 bis 7500 Jahre (Streif; 1990; S. 150), entstanden und liegt den älteren Glazialablagerungen des Nordseebodens auf (Wilhelmy; 1992; S. 126). Das Material der Watten stammt überwiegend aus umgelagerten und aufgearbeiteten Eiszeitsedimenten der tieferen Nordsee und aus in Abbruch befindlichen Küstengebieten (ebd.).

Die Watten an der deutschen Nordseeküste bedecken eine Fläche von 3400 km² (Wilhelmy; 1992; S. 126). Der Wattgürtel vor der schleswig-holsteinischen Westküste ist durchschnittlich 15-20 km, maximal 40 km breit (ebd.). Dabei erreicht der Wattkörper eine Mächtigkeit von 10-20m (ebd.).

An der Nordsee werden, nach ihrer Lage zum Meer (Gierloff-Emden; 1980; S. 1041), Ästuarwatten, offene Watten und Rückseitenwatten unterschieden (Ahnert; 2003; S. 394). Ästuarwatten liegen im Ästuarbereich oder in Meeresbuchten und können zur Brackwasserzone gehören (Gierloff-Emden; 1980; S. 1041). Offene Watten werden an ihrem seewärtigen Rand höchstens von einer Sandbarre vor der Wellenerosion gesichert (Ahnert; 2003; S. 394). Ein sehr flach abfallendes Unterwasserprofil schützt sie aber vor schwerem Seegang (Gierloff-Emden; 1980; S. 1041). Dagegen finden sich Rückseitenwatten hinter den Düneninseln (Ahnert; 2003; S. 394). Beispiele für Ästuar- oder Buchtenwatten finden sich in der Elbe- oder Wesermündung (H. J. Klink; 1990; S. 182), Rückseitenwatten finden sich dagegen hinter den Nord- bzw. Ostfriesischen Inseln (ebd.).

Im tieferen, äußeren Wattbereich erfolgt, wegen der stärkeren Strömung und Wellenbewegung nur die Sedimentation von Sanden, was zu Bildung von Sandwatten führt (Wilhelmy; 1992; S. 126). Die sogenannten Schlickwatten, aus Schluffen und Tonen (Ahnert; 2003; S. 394), entstehen dagegen bei geringerer Wassertiefe und abgeschwächter Wasserbewegung (Wilhelmy; 1992; S. 126), in strömungsärmeren Gebieten wie den Prielanfängen (Sindowski; 1973; S. 37).

Beim Kentern der Flut setzt das Wasser seine Schwebfracht auf dem Wattboden ab (Ahnert; 2003; S. 394). Der Ebbstrom nimmt in den Anfangsphasen der fallenden Tide an Stärke zu (ebd.), erreicht die größte Erosionskraft wird aber erst, wenn die höchsten Wattflächen bereits trockengefallen sind (ebd.), überdies entfaltet der Ebbstrom seine größte Wirkung in den Prielen (ebd.). Aus diesem Grunde bleibt in der Regel ein Teil der Sedimentfracht auf der Wattfläche als neue Sedimentschicht zurück (ebd.). Dadurch kommt es zur Aufhöhung des Bodens über das mittlere Hochwasserniveau (Wilhelmy; 1992; S. 127). Diese fortwährende Aufhöhung der Watten wird hauptsächlich durch Sturmfluten gestört (Ahnert; 2003; S. 395).

Durch die ständige Sedimentation wandelt sich das Watt zur Marsch (Wilhelmy; 1992; S. 127), welche nur noch von extremen Springfluten oder Sturmfluten bedeckt wird (Ahnert; 2003; S. 395). Der Bewuchs mit salzverträglichen Pflanzen, wie dem Queller, verstärkt diese Entwicklung zusätzlich (ebd.). Für die Sedimentation werden pro Jahr Raten von 3 bis 8 mm pro Jahr angenommen (ebd.).

Wesentliche Formelemente des Watts sind die, zwischen den Inseln liegenden engen, von den Gezeitenströmen erodierte, Rinnen (Wilhelmy; 1992; S. 126), welche als Gatt oder Tief bezeichnet werden (Ahnert; 2003; S. 394). In ihnen erreichen die Gezeitenströme hohe Geschwindigkeiten und Transportkraft (Wilhelmy; 1992; S. 126). Diese Rinnen gehen landwärts in die Priele, ein System von sich fortschreitend verästelnden (Ahnert; 2003; S. 391) Wasserrinnen mit bei Ebbe und Flut wechselnder Strömung (Wilhelmy; 1992; S. 126) über. Die Tiefs gliedern das Watt in sogenannte „Platen" (H. J. Klink; 1990; S. 182), welche von „Baljen" entwässert werden (ebd.). Diese Baljen verästeln sich wiederum in die Priele (ebd.). Die größeren Systeme dieser Wattwasserläufe sind auch über längere Zeit lagestabil (Kelletat; 1999; S. 160). Allerdings mäandrieren Baljen und Priele in Ebbrichtung und verlagern sich durch Sedimentation und Erosion ständig auf den Platen (H. J. Klink; 1990; S. 182).

3.1.2. langfristige Oszillation

Der Begriff langfristige Oszillation bezieht sich auf die Transgression, d.h. das Steigen des Meeresspiegels (Ahnert; 2003; S. 381). Seit mehr als 7000 Jahren erfolgte ein eustatisch bedingter Anstieg des Meeresspiegels um etwa 20 m (Gierloff-Emden; 1980; S. 947), welcher auch die deutschen Küsten entscheiden geprägt hat (Ahnert; 2003; S. 381). Durch die daraus folgende Ingression des Meeres in das bisherige, glazial gestaltete (Kelletat; 1999; S. 107), Festlandsrelief (ebd.; S. 98) entstanden bestimmte Küstenformen, wie Bodden oder Förden (ebd.; S. 110). Aus diesem Grunde werden solche Küstenformen auch als glaziale Ingressionsküsten bezeichnet (ebd.).

Die Transgression wurde durch die Umkehrung der isostatischen Vertikalbewegung verstärkt (Köster; 1995; S. 12). Während es durch das Abtauen der weichseleiszeitlichen Eismassen im Zentrum der Vereisung zu einer Landhebung kam (ebd.), kam es in den äußeren Zonen zu einer Landsenkung (ebd.). Durch diesen postglazialen isostatischen Ausgleichsprozess (Lampe; 1995; S. 18), wird das Ostseebecken, wie eine wassergefüllte Schüssel auf der skandinavischen Seite angehoben, wodurch die südliche Seite zunehmend unter Wasser gerät (ebd.).

Die folgende Abbildung soll noch einmal den isostatischen Ausgleich verdeutlichen.

Abbildung 8: Schematische Darstellung des isostatischen Ausgleichs

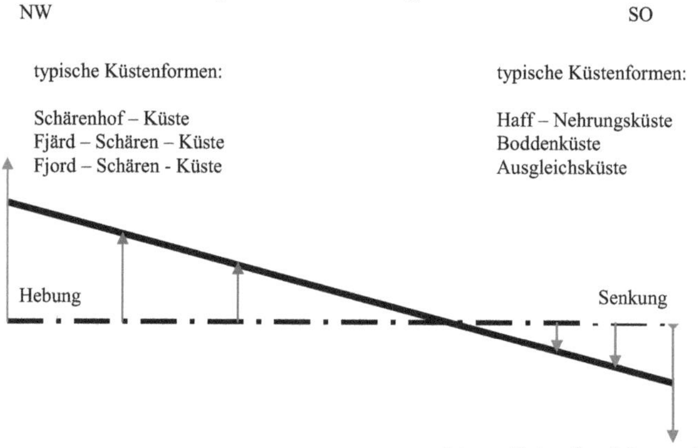

(eigener Entwurf nach Lampe; 1995; S. 24)

Der Raum der südlichen Ostseeküsten war im Pleistozän Akkumulationsgebiet (ebd.), in welchem das Inlandeis mächtige Decken glazialen Schutts (ebd.) in Form von Grund- oder Endmoränen ablagerte (ebd.). Typische Erscheinungen dieser Gebiete glazialer Akkumulationen (Ahnert; 2003; S. 414) sind Bodden oder Förden (ebd.), welche an der deutschen Ostseeküste zu finden sind (ebd.).

3.1.2.1. <u>Boddenküste</u>

Bei der Boddenküste handelt es sich um das, durch den postglazialen Meeresanstieg, über-
flutete sanftwellige Relief einer kuppigen Grundmoränenlandschaft (Wilhelmy; 1992; S. 151).
Die Bodden sind rundliche Buchten (ebd.), zwischen aus dem Wasser aufragenden Moränen-
kuppen (ebd.), in glazialen Grundmoränenablagerungen (Ahnert; 2003; S. 414). Sie sind
durch die Überflutung von flachen, breiten Gletscherzungenbecken (Lampe; 1995; S. 24) oder
tiefliegenden Grundmoränen (ebd.), welche vom Meer bis an die sie umgebenden Hochlagen
überflutet wurden, entstanden (ebd.).
Die Boddenküste ist charakteristisch für die Ostseeufer Mecklenburgs (Wilhelmy; 1992; S.
151). Beispiele sind der Jasmunder Bodden oder der Greifswalder Bodden (Ahnert; 2003; S.
414). Der Jasmunder Bodden ist durch eine Nehrung von der offenen Ostsee getrennt (ebd.; S.
415) und könnte deswegen auch als Lagune bzw. Haff (ebd.), mit besonderem glazial be-
dingtem Umriss, gelten (ebd.). An den Binnenküsten solcher Bodden kommt es zur Ver-
landung durch Pflanzenwachstum (Lampe; 1995; S. 21).

Abbildung 9: Eisgeprägte Ingressionsküste – die Boddenküste

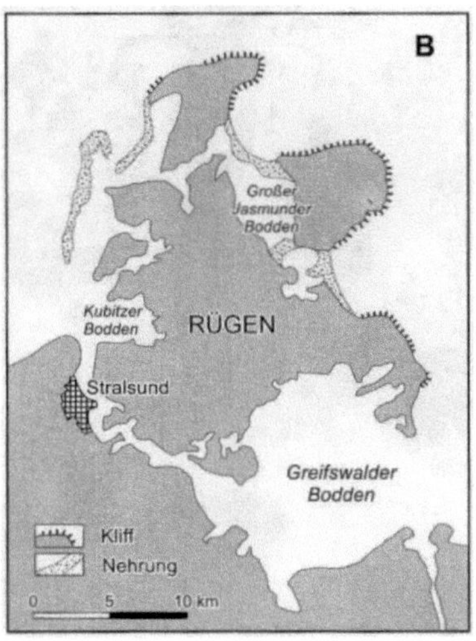

(Kelletat; 1999; S. 110)

3.1.2.2. Fördenküste

Die Fördenküste weist die engsten Beziehungen zum ehemaligen Glazialrelief auf (Lampe; 1995; S. 24). Bei einer Förde handelt es sich um eine rinnenförmige (Kelletat; 1999; S. 110), schmale und tiefe (ebd.) Meeresbucht in glazialen Ablagerungen (Ahnert; 2003; S. 414), welche durch die schürfende Wirkung einer Gletscherzunge (ebd.) oder durch die Erosion von Schmelzwasser unter dem Eis (Lampe; 1995; S. 24) entstanden ist. Förden werden landseitig von Endmoränen umrahmt (ebd.). Der 57m hohe Moränenwall der Kieler Förde (Wilhelmy; 1992; S. 151), bildet heute die Wasserscheide zwischen Ostsee und Nordsee (ebd.). Beispiele für Förden sind, neben der bereist erwähnten Kieler Förde, auch die Flensburger Förde, die Eckernförder Bucht und die Schlei (Ahnert; 2003; S. 414). Allerdings ist die schmalere und gewundenere Schlei (ebd.) offenbar stärker von Schmelzwasser geformt worden, als die übrigen Förden (ebd.).

Abbildung 10: Eisgeprägte Ingressionsküste – die Fördenküste

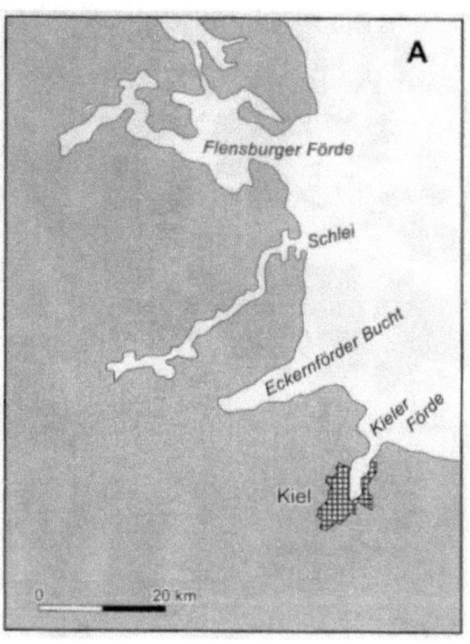

(Kelletat; 1999; S. 110)

3.2. Zerstörungsprozesse

Die Küstenformung durch abtragende und zerstörende Wirkung kann auf verschiedene Ursachen zurückgehen (Kelletat; 1999; S. 98). Dazu zählen u.a. die Zerstörung durch Wellenwirkung, Felssturz (ebd.; S. 98) oder chemische Lösung durch Meerwasser bzw. Niederschlagswasser (ebd.; S. 99). Der Grad der zerstörenden Umformung durch die Brandung ist zum einem abhängig von der Energie der Wellen, der Wellenhöhe und der Konstanz der Richtung (ebd.), zum anderen wird er aber auch durch die Widerstandsfähigkeit des Gesteins bestimmt (ebd.). Aus diesem Grunde laufen Umformungen an Lockermaterialküsten erheblich schneller ab als an Festgesteinsküsten (ebd.). So kann die Rückzugsrate in Glazialablagerungen zwischen 2 m bis 15 m pro Jahr liegen (Ahnert; 2003; S. 404).

Bei Lockermaterialküsten erfolgt die Zerstörung im wesentlichen durch Wegführung der Sedimente in Brandungsströmungen (Kelletat; 1999; S. 99). Bei Festgesteinsküsten ist dieser Vorgang ungleich komplexer (ebd.). Zum einen wirken hier Brandungswaffen (ebd.; S: 100), zum anderen auch noch der Druckschlag der Wellen auf das Gestein (Wilhelmy; 1992; S. 116). Als Brandungswaffen wird das Lockermaterial der Brandungszone bezeichnet (Kelletat; 1999; S. 99), welches durch den Wellenschlag gegen den Fels geschleudert wird (ebd.). Geröll (Wilhelmy; 1992; S. 116) welches gegen das Küstengestein geworfen wird zermürbt den Fels (Kelletat; 1999; S. 99), während feinere Sedimente, wie Sande oder Silte (ebd.; S. 100), als Schleifmittel wirken (Wilhelmy; 1992; S. 116). Das Lockermaterial selbst nutzt sich dabei natürlich ebenfalls ab (ebd.). Zweite Wirkkomponente (ebd.) ist der Druckschlag der Wellen auf das Gestein (ebd.). Der Aufprall der Brandung komprimiert die in den Klüften enthaltene Luft (Ahnert; 2003; S. 404). Dabei werden Druckkräfte erzeugt (ebd.), welche in das Gestein hinein wirken (ebd.). Diese Druckschwankungen (Wilhelmy; 1992; S. 116) führen zu einer Lockerung des Gesteinsgefüge (ebd.) und zu Herausbrechen von Einzelstücken (ebd.), welche von Brandungsrücklauf aus ihrer Position gezogen werden (Ahnert; 2003; S. 404).

3.2.1. Steilküste und Kliff

Als Kliffe werden die Abbruchsformen an Steilküsten bezeichnet (Gierloff-Emden; 1980; S. 1215). Kliffbildung gibt es sowohl an Küsten mit großem Tidenhub, als auch Küsten ohne Gezeitenerscheinung (ebd.). In der Bundesrepublik Deutschland gibt es nur wenige Steilküsten (ebd.; S. 1209). Zu nennen sind hier die Insel Helgoland und einige Abschnitte der Ostseeküste, bspw. Kap Arkona.

Die Entwicklung der heutigen Küsten begann im Zuge der Flandrischen Transgression (Ahnert; 2003; S. 404), als das Meer in seinem neuen Niveau an die aufragenden Hänge des Landes brandete und diese begann umzuformen (ebd.). An steilen Hängen trug die Brandung zunächst den Regolith ab (ebd.) und legte damit das anstehende Gestein frei (ebd.). Zusätzlich wurden Klüfte im Gestein durch die Verwitterung erweitert (ebd.). Durch Brandungswellen und Druckschlag (ebd.) wurden Teile des Gesteins gelockert und von ihrer ursprünglichen Position hangabwärts, unter den Meeresspiegel verlagert (ebd.), wo sie sich als Meerhalde sammeln (ebd.). An den Stellen wo Blöcke aus dem Gestein entfernt wurden bleibt eine Ver-flachung im Hang (ebd.). Auf diesen flachen Stellen werden die Wellen zu Sturzbrechern (ebd.) und könne somit mehr Kraft entfalten. Durch den von den Wellen bewegten Gesteins-schutt wird die Verflachung geglättet (ebd.). Bei hohem Seegang schlagen weiterhin Brecher an den landwärtigen Rand der Verflachung in den Fels (ebd.) und treiben damit die Plattform weiter in den Hang und produzieren zugleich neuen Schutt (ebd.). Allmählich wird die Platt-form breiter und wandelt sich in eine Felsschorre bzw. Abrasionsplattform (ebd.). Hierbei handelt es sich um eine meerwärts bis zu 3° geneigte Felsrampe (Wilhelmy; 1992; S. 119), welche der marinen Abrasion bis maximal 10m Wassertiefe unterliegt (ebd.). Der dahinter liegende Hang wird durch die Brandung unterschnitten und schließlich instabil (Ahnert; 2003; S. 404), dadurch einsetzende Massenbewegungen wie Rutschungen oder Felsstürze (ebd.) legen auch das Gestein oberhalb der Brandung frei (ebd.) und lassen ein Kliff entstehen (ebd.).

Abbildung 11: Entwicklung einer Steilküste

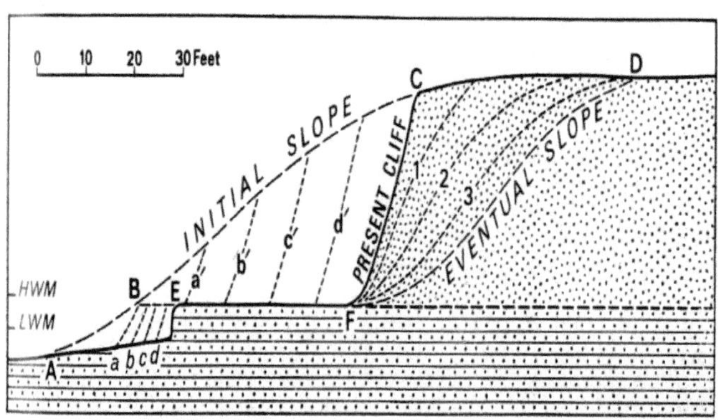

(Gierloff-Emden; 1980; S. 1213)

Formelemente eines Kliffs sind Brandungshöhlen, Brandungstore, Brandungshohlkehlen (Wilhelmy; 1992; S. 118) und Kliffhalde (Ahnert; 2003; S. 404).

Brandungshohlkehlen, mit überhängendem Dach (Wilhelmy; 1992; S. 118), entstehen durch die Wirkung der Brandung an der Kliffbasis (Ahnert; 2003; S. 404). An tektonischen Schwächezonen greift die marine Abrasion besonders tief ins Gestein und schafft Halbhöhlen, sogenannte Brandungshöhlen (Wilhelmy; 1992; S. 119).

Abbildung 12:Formelemente der Kliffküste

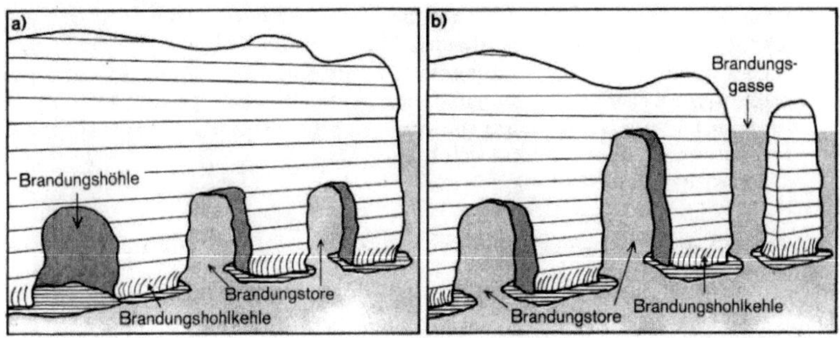

(Wilhelmy; 1992; S. 118)

Zeitweilige Überschüsse an Schutt sammeln sich am Fuß des Kliffs in Form von Kliffhalden (Ahnert; 2003; S. 404), außerdem kann der Schutt sich an in Form eines Schotterstrandes ansammeln (ebd.).

Wo vorgezeichnete Schwächelinien im Gestein einen differenzierteren Angriff der Abrasion erlauben (Kelletat; 1999; S. 119) entstehen Kliffbuchten (ebd.). Dazwischen stehen gebliebene Reste können von Brandungshohlkehlen durchbrochen werden (Wilhelmy; 1992; S. 118) und werden zum Brandungstor (ebd.). Es könne sich aber auch schon vorher Reste aus dem Kliffverband lösen (Kelletat; 1999; S. 119) und als einzelne Brandungspfeiler auf der Felsschorre verbleiben (ebd.). Beispiele für solche Formen finden sich mit der „langen Anna" auf Helgoland (Wilhelmy; 1992; S. 118).

Die Höhe und Gestalt des Kliffs ist abhängig von den angeschnittenen Relieformen (ebd.; S. 119). Das meerwärts an das Kliff anschließende Relief bestimmt die Stärke der Brandungswirkung auf den Klifffuß (ebd.). Sie ist am stärksten bei einer schmalen Abrasionsplattform (ebd.). Mit der Verbreiterung dieses Bereiches entfernt sich die Brandungszone vom Klifffuß und verliert an Bedeutung (ebd.), da die Kliffbasis immer seltener von der Brandung erreicht wird (Ahnert; 2003; S. 405). Aus diesem Grunde bleibt der herabgestürzte Schutt immer länger liegen (ebd.). Wenn das Kliff nicht mehr von der Brandung unterschnitten wird, verwandelt es sich vom Arbeitskliff zu Ruhekliff (ebd., dessen Entwicklung nun nicht mehr von der marinen Abrasion, sondern von Hangdenudation gesteuert wird (Wilhelmy; 1992; S. 119).

Für die typische räumliche Anordnung (Ahnert; 2003; S. 383) von, durch die Arbeit des Meeres geschaffenen (ebd.), Formkomponenten gibt es den Begriff der litoralen Serie (ebd.).

Abbildung 13: litorale Serie der Kliffküste

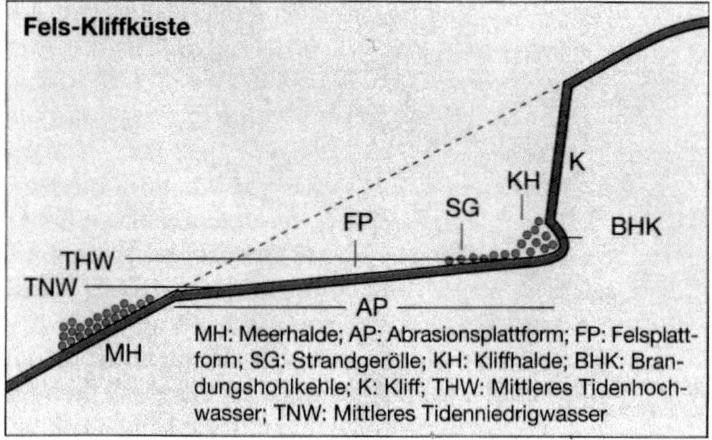

(Bauer; 2002; S. 56)

Je nach lokalen Bedingungen können die Komponenten natürlich variieren (Ahnert; 2003; S. 383).

3.3. Aufbauvorgänge

Aufbauvorgänge an den Küsten sind sehr differenziert (Kelletat; 1999; S. 102), wobei die Akkumulation von Lockermaterial vorherrscht (ebd.). Viele Aufbauformen werden durch Brandungswirkung hervorgerufen (ebd.). Das dafür nötige Lockermaterial stammt dabei vom Meeresboden, seitwärtigen Kliffabschnitten oder vom Festland (ebd.). Endgültige Akkumulationsformen können nur von Wellen hervorgerufen werden (ebd.), welche in der Lage sind, über den Meeresspiegel hinaus (ebd.), Material gegen die Schwerkraft aufwärts zu transportieren (ebd.). Zuverlässigstes Zeichen dafür sind wallartige Ablagerungen am Saum dieser Brandungswellen (ebd.), welche auch als Strandwall bezeichnet werden (ebd.).

Akkumulationsprozesse an den Küsten führen meist zu einer meerwärtigen Verschiebung der Uferlinie (ebd.; S. 132), gelegentlich auch zu einer Aufhöhung des Geländes (ebd.), in der Regel sind diese Vorgänge miteinander verbunden (ebd.).

3.3.1. <u>Strände</u>

In der verwendeten Literatur wird der Strand nur von H. Wilhelmy als eigne Küstenform angesehen (Wilhelmy; 1992; S. 120). Meist wird der Strand als Strukturelement der Küste bzw. Zone der Küstenlandschaft angesehen (Gierloff-Emden; 1980; S. 989). Trotzdem sol der Strand hier als Form der marinen Akkumulation vorgestellt werden, da er die am weitesten verbreitete Küstenform (Wilhelmy; 1992; S. 120) ist oder aber wesentliches Element der verschiedenen Küstenformen ist.

Der Strand ist ein Akkumulationskörper aus Sedimenten (ebd.), meist Geröll oder Sand (ebd.), mit Untermengungen von anorganischen Komponenten wie Muscheln u.ä. (ebd.; S. 121). Herkunftsgebiete für Sedimente können bspw. benachbarte Kliffküsten, vorgelagerte Schorren oder Mündungen sedimentreicher Flüsse sein (ebd.; S. 121). Das Profil des Strandes ist abhängig von der Korngröße (ebd.), so sind Geröllstrände steiler als Sandstrände (ebd.), außerdem haben auch noch die Wellen- und Gezeitenverhältnisse Einfluss auf die Gestalt des Strandes (ebd.). Wesentliche Elemente eines Strandes sind die Strandwälle und das Sandriff (ebd.). Bei einem Sand- oder Kiesriff (Ahnert; 2003; S. 383) handelt es sich um niedrige Unterwasserwälle im Bereich der Schorre (ebd.). Sie entstehen durch Wellenbewegungen, welche zu Materialtransport und Umlagerungen von Sedimenten führen (ebd.).

An Akkumulationsküsten liegen oft ausgedehnte Flächen von Lockermaterial vegetationslos und trocken (Kelletat; 1999; S. 150) und bieten somit gute Voraussetzungen für den Angriff des Windes und die Bildung von Dünen (ebd.). Diese Dünen finden sich in der Regel im Bereich des höheren Strandes (Wilhelmy; 1992; S. 122). Sie entstehen, wenn nach der Austrocknung des oberen Sandbereiches (Kelletat; 1999; S. 150), das Sandtreiben einsetzt (ebd.). Dabei bilden sich zunächst frei wandernde Initialdünen (ebd.), welche an Hindernissen zu höheren Anhäufungen führen können (ebd.). Ein später einsetzender Bewuchs mit salzresistenten Pflanzen wie Strandhafer führt zur weiteren Stabilisierung und Sandanhäufung (ebd.; S. 151). Im Endzustand existieren regelrechte Dünenwälle (ebd.) oder Dünengürtel (Ahnert; 2003; S. 384). Beispiele finden sich z.B. auch an der Nordseeküste (Kelletat; 1999; S. 150). Wegen ihrer typischen räumlichen Anordnung wird diese Landform als litorale Serie der Lockermaterialküste (Ahnert; 2003; S. 383) bezeichnet.

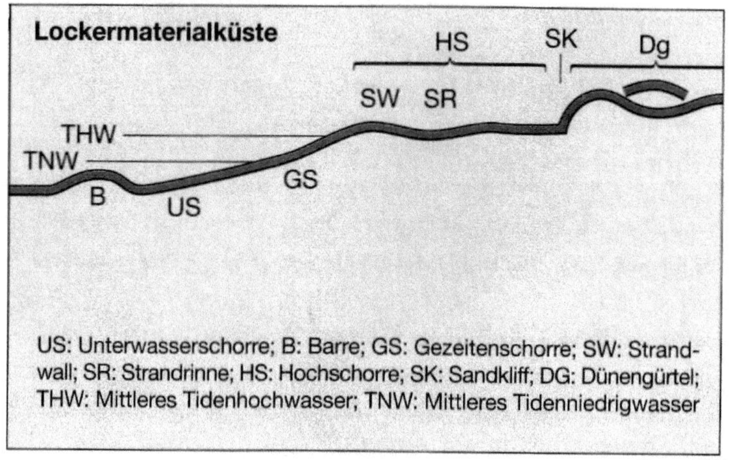

(Bauer; 2002; S. 56)

3.3.2. Nehrungen und Haken

Eine Nehrung ist ein langgestreckter, über dem Meeresspiegel aufragender Akkumulations-körper aus Lockermaterial (Ahnert; 2003; S. 408), welcher einen dahinter liegenden Flach-wasserbereich vom Meer abtrennt (ebd.).

Den abgetrennten Bereich bezeichnet man als Lagune oder, an der Ostseeküste, als Haff (ebd.).

Nehrungen liegen vorwiegend an Küsten mit geringem Tidenhub (ebd.). Häufig beginnt ihre Entwicklung als Sandriff im flachen Wasser (ebd.). Durch die Brandung (Wilhelmy; 1992; S. 123) kann eine Sedimentation erfolgen (Ahnert; 2003; S. 408), wodurch das Riff über den Meeresspiegel erhöht wird (Wilhelmy; 1992; S. 123). Da das Riff jetzt nur noch selten über-flutet wird (Ahnert; 2003; S. 408), kann der Wind den trockenen Sand zu Dünen aufwehen (ebd.). Halten die Dünen den Überflutungen stand, so wird aus dem Sandriff eine permanente Insel (ebd.).

Durch die Strandversetzung wird Material längs des Strandes transportiert (ebd.). Dadurch wird das leeseitige Ende der Nehrung weiter verlängert (ebd.) und es entwickelt sich hier nun ebenfalls ein Strand und Dünen (ebd.). Auf diese Weise entsteht eine langgestreckte Nehrungsinsel (ebd.). Diese Nehrungsinseln werden, weil sie keine Verbindung zum Feststand haben, auch als freie Nehrungsinseln bezeichnet (ebd.). Beispiele dafür sind die ostfriesischen Inseln (Kelletat; 1999; S. 155). Die ostfriesischen Inseln wandern aufgrund der

Strandversetzung von West nach Ost (Ahnert; S. 409). Während die Inseln durch die Küsten-strömung an ihrem Westende abgetragen werden (ebd.), werden sie an ihrem Ostende durch Aufschüttung verlängert (ebd.).

Abbildung 15: Veränderung der Insel Spiekeroog

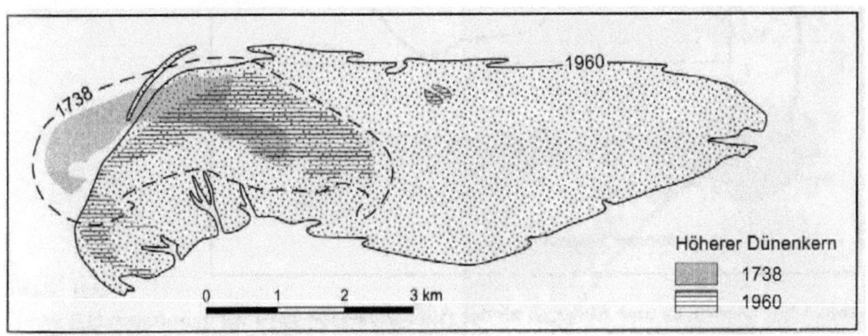

(Kelletat; 1999; S. 155)

Aufgrund der Wassermassen, welche durch die Gezeiten regelmäßig zwischen den Inseln bewegt werden (Kelletat; 1999; S. 155), wachsen diese Inseln nicht zusammen und die Nehrungen sind nicht in der Lage die Bucht vollständig anzuschließen (ebd.). Aus diesem Grunde bezeichnet man die Inselreihen der deutschen Nordseeküste auch als Watt-Nehrungsinselreihen-Küste (Ahnert; 2003; S. 409).

Eine andere Möglichkeit der Entstehung einer Nehrung ist die Entwicklung als landfeste Nehrung (Ahnert; 2003; S. 408) aus einem Haken (Kelletat; 1999; S. 152). Haken entstehen durch strandparallelen Materialtransport (Wilhelmy; 1992; S. 123). Ein einem Punkt, an welchem die Küste vor- oder zurückspringt, löst sich der Strand vom Festland (ebd.) und stößt als länglicher Akkumulationskörper ins Meer vor (ebd.). Durch die Brandung wird diese Hakenspitze gelegentlich weit zurückgebogen (Ahnert; 2003; S. 408). Liegt eine mehr oder minder geschlossene Barriere vor einer Bucht spricht man von einer Nehrung (Wilhelmy; 1992; S. 124), solange es sich um ein freies Ende handelt, wird die Akkumulation als Haken bezeichnet (Ahnert; 2003; S. 408). Haken finden sich unter anderen an den Küsten Mecklen-burg Vorpommerns (ebd.; S. 409).

Die folgende Abbildung soll die verschiedenen Stadien von Haken und Nehrungen sowie die Bildung einer Ausgleichsküste darstellen.

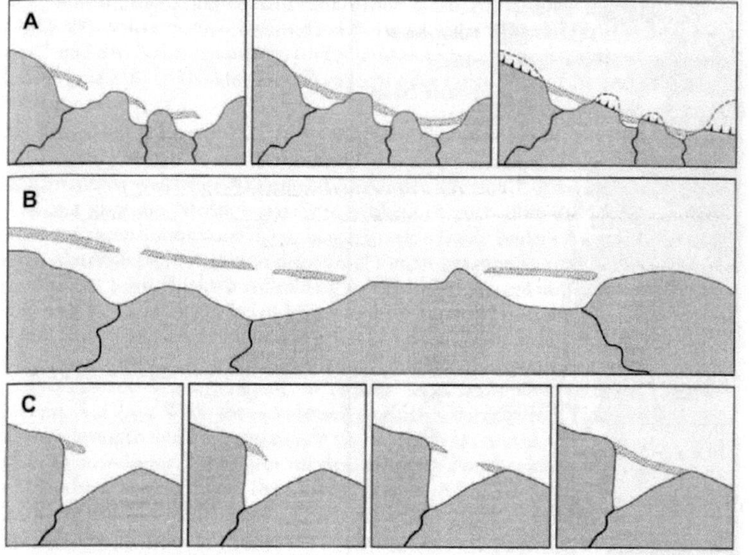

(Kelletat; 1999; S. 153)

3.3.3. Ausgleichsküste

Nehrungen führen gewöhnlich zu einer Begradigung der Küstenkonturen, indem sie Einbuchtungen abschließen (Kelletat; 1999; S. 152). Zusammen mit der Abrasion der Küstenvorsprünge zwischen den Nehrungsbuchten (Wilhelmy; 1992; S. 125), führt dieses im Endzustand zur Entstehung einer Ausgleichsküste, wie sie in Mecklenburg zu finden ist (ebd.).

Hier wurden Vorsprünge der Grund- und Endmoräne (Lampe; 1995; S. 25) durch Abtragung zurückverlegt (ebd.). Mit den dabei entstehenden Sedimenten wurden Buchten und Flussmündungen aufgefüllt (ebd.) oder mit Nehrungen abgeschlossen (ebd.). So hat z.B. die Sedimentation der Ausgleichsküste die Inselkerne der Inseln Fischland und Altdarß verbunden (Wagenbreth; 1990; S. 43)

3.3.4. die deutschen Inseln

Die ostfriesischen Inseln sind, bis auf Helgoland, allein aus dem Wechselspiel von Strömungen, Gezeiten und Wind entstanden (Streif; 1990; S. 116) und haben sich über verschieden Entwicklungsstadien (ebd.) von periodisch überfluteten Sandplaten (ebd.), über teilweise hochwasserfreie Strandwälle, zu Dünen tragenden Inseln entwickelt (ebd.). Diese sogenannte Platen-Hypothese ist die heute allgemein akzeptierte Auffasung von der Entstehung der Inseln (ebd.; S: 117).

Helgoland dagegen ist durch salztektonische Bewegungen entstanden (ebd.; S. 20), welche Schichten des Mittleren und Oberen Buntsandsteines aufgebeult und über den Meeresspiegel herausgehoben haben (ebd.).

Bei den deutschen Inseln der Ostsee handelt es sich dagegen um Reste einer ertrunkenen Moränenlandschaft (Lampe; 1995; S. 24). So haben sowohl Fischland als auch der Darß eiszeitliche Inselkerne aus pleistozänen Sedimenten (Wagenbreth; 1990; S. 44). Dasselbe gilt auch für Hiddensee (ebd.; S. 45) und die Insel Usedom (ebd.; S. 50). Nur Wittow und Jasmund werden teilweise aus älteren Gesteinen (ebd.; S: 46) gebildet. Hierbei handelt es sich um Schichten aus der Oberkreide (Köster; 1995; S. 37).

4. Küstenformen & -prozesse am Beispiel von Rügen

Bei den Küsten der Insel Rügen handelt es sich um eisgeprägte Ingressionsküsten (Kelletat; 1999; S. 110), welche aus einer überfluteten Grundmoränenlandschaft hervorgegangen sind (Ahnert; 2003; S. 414).

Im Zuge der postglazialen Transgression wurden Rügen und die es umgebenden Inselkerne durch die Abtragung an den Steilküsten und Akkumulation des Sandes zwischen den Inselkernen geprägt (Wagenbreth; 1990; S. 50).

Der voreiszeitliche Untergrund ist geprägt von Schichten der Oberkreide (Köster; 1995; S. 37), welche z.B. am Kap Arkona und dem Königsstuhl (Wagenbreth; 1990; S. 47) zutage treten. Bei dem Inselkern von Wittow handelt es sich vorwiegend um Geschiebemergelland (ebd.; S 48). Ausnahme ist das Kap Arkona, an welchem Kreideschollen zutage treten (ebd.). Der Kern der Teilinsel Jasmund besteht ebenfalls aus eizeitlichen Sedimenten und Kreideschollen (ebd.; S. 50), welche am Königstuhl zu betrachten sind (ebd.). Der Inselkern von Rügen wird dagegen aus glazialen Geschiebemergel gebildet (ebd.; S. 46). Die kompliziert aufgestauchten Geschiebemergel und Kreideschollen von Wittow (ebd.; S. 48) und die schräggestellten Kreideschollen von Jasmund unterliegen den Mechanismen des Steilküstenabtrags (ebd.).

Durch die Transgression wurde die Grundmoränenlandschaft (Ahnert; 2003; S. 414) und die durch Eisschurf entstandenen Zungenbecken (Kelletat; 1999; S. 110) vom Meer überflutet (Lampe; 1995; S. 24) und bilden heute u.a. den kleinen und großen Jasmunder Bodden (Ahnert; 2003; S. 415).

Sandtransporte von den Steilküsten der Insel Wittow (ebd.; S. 48) haben die Nehrung (Ahnert; 2003; S. 415) Schaabe (Wagenbreth; 1990; S. 50) entstehen lassen, welche den Jasmunder Bodden von der offenen Ostsee trennt (Ahnert; 2003; S. 415). Aus diesem Grund kann der Jasmunder Bodden auch als Haff bezeichnet werden (ebd.). Sandtransporte und Anlandungen haben ebenso im Südosten der Halbinsel Jasmund (Wagenbreth; 1990; S. 50) die schmale und flache Nehrung der schmalen Heide geschaffen (ebd.), welche sich mit dem nächsten Inselkern, der Granitz verbunden hat (ebd.). Auch an der Granitz hat sich zwischen Binz und Sellin hat sich aus einer Endmoräne (ebd., S: 47) eine Steilküste herausgebildet (ebd.; S. 50), von welcher Material zur Halbinsel Mönchgut transportiert wird (ebd.). Ursprünglich bestand die Insel Mönchsgut aus mehreren kleinen Inselkernen (ebd.), welche durch den vom Kliff der Granitz abtransportierten Sand (ebd.), mit niedrigen und schmalen Landstreifen, verbunden wurden (ebd.).

Literaturverzeichnis

F. Ahnert: Einführung in die Geomorphologie. Stuttgart; 2003

J. Bauer: Physische Geographie; Berlin; 2002

Gierloff-Emden: Geographie des Meeres. Band 5; Teil 2; Berlin; 1980

M. Hendl, H. Liedtke [Hrsg.]: Lehrbuch der allgemeinen physischen Geographie; Gotha; 2002

D. Kelletat: Physische Geographie der Meere und Küsten. Leipzig; 1999

H. J. Klink In: W. Tietze [Hrsg.]: Geographie Deutschlands; Stuttgart; 1990; S. 111 – 130

R. Lampe: Küstentypen In: G. Rheinheimer [Hrsg.]: Meereskunde der Ostsee. Berlin; 1995; S. 17 - 25

R. Köster In: G. Reinheimer [Hrsg.]: Meereskunde der Ostsee; Berlin; 1995; S. 12 – 16

K. H. Sindowski: Das ostfriesische Küstengebiet; In: Sammlung geographischer Führer; Bd. 57

A. Strahler: Physische Geographie. Stuttgart; 2002

H. Streif: Das ostfriesische Küstengebiet; In: Sammlung geographischer Führer; Bd. 57

O. Wagenbreth: Geologische Streifzüge; Leipzig; 1990

H. Wilhelmy: Geomorphologie in Stichwörtern. Band III; Stuttgart; 1992